U0021774

FATCHI ENCYCLOPEDIA

肥志百科 4

原來你是這樣的

動物

B 篇

肥志　編繪

時報出版

肥志百科4
原來你是這樣的動物 B篇

編　　　繪　肥　志
主　　　編　王衣卉
企 劃 主 任　王綾翊
全 書 排 版　evian

總 編 輯　梁芳春
董 事 長　趙政岷
出 版 者　時報文化出版企業股份有限公司
　　　　　一〇八〇一九臺北市和平西路三段二四〇號
發 行 專 線　（〇二）二三〇六六八四二
讀者服務專線　（〇二）二三〇四六八五八
郵　　　撥　一九三四四七二四 時報文化出版公司
信　　　箱　一〇八九九臺北華江橋郵局第九九信箱
時 報 悅 讀 網　www.readingtimes.com.tw
電子郵件信箱　yoho@readingtimes.com.tw
法 律 顧 問　理律法律事務所　陳長文律師、李念祖律師
印　　　刷　和楹印刷有限公司
初 版 一 刷　2023 年 1 月 13 日
初 版 二 刷　2024 年 7 月 1 日
定　　　價　新臺幣 450 元

時報文化出版公司成立於一九七五年，並於一九九九年股票上櫃公開發行，於二〇〇八年脫離中時集團非屬旺中，以「尊重智慧與創意的文化事業」為信念。

肥志百科4：原來你是這樣的動物 B 篇 / 肥志編 . 繪 .
-- 初版 . -- 臺北市 : 時報文化出版企業股份有限公司 , 2023.01
196 面 ;17*23 公分
ISBN 978-626-353-272-4(平裝)

1.CST: 科學 2.CST: 動物 3.CST: 漫畫

307.9　　　　　　　　　　　111020345

目　錄

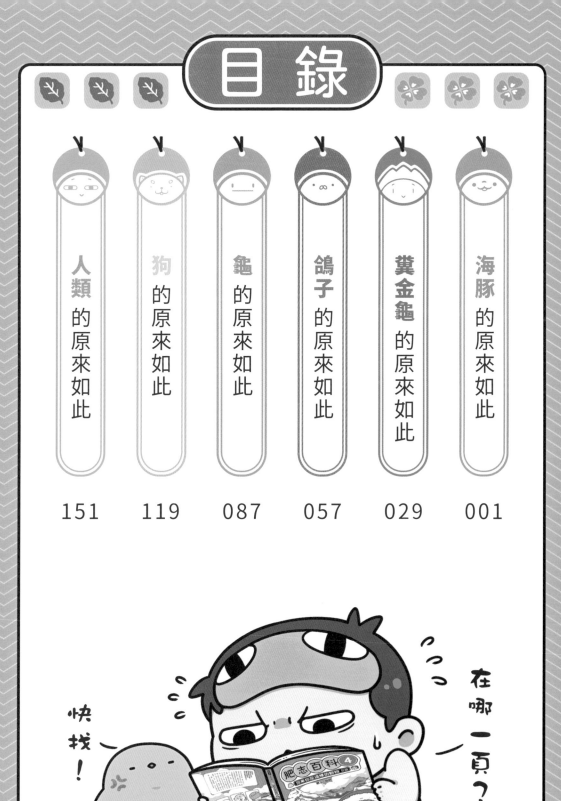

快找！

在哪一頁？

海豚的原來如此

你聽說過

海裡的⋯⋯**「豬」**嗎？

《**本草綱目**》裡有這樣的記載，

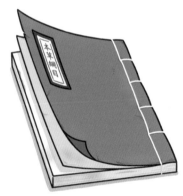

牠**顏色青黑**，

（「形色青黑」）

形狀像魚，

（「如魚」）

鼻孔長在**頭頂**上，

（「鼻在腦上作聲」）

肉還**不好吃**……

（「其骨硬，其肉肥，不中食。」）

差評

（難道是海X王類？）

其實這種怪「豬」不是別的，

正是：

海豚

雖然不知道
海豚跟「豬」**有什麼關係**……

牠倒是挺**像人**的。

例如：
牠們會**幫助**別人。

在海洋裡，

待產的雌海豚

容易受到**鯊魚**的攻擊，

但「孕婦」卻一點都**不害怕**。

因為每次母豚**生小豚**的時候，

都會有**一群**「姐妹」

把她**圍**在中間，

讓心懷不軌的鯊魚**沒法下手**。

這種「**熱心**」
甚至會用到**人**身上。

早在西元前 5 世紀，
古希臘就有了**海豚救人**的紀錄。

再到西元 2 世紀，
古羅馬人又記載海豚會**幫人捕魚**。

這麼看來⋯⋯
海豚**似乎**都是些熱心的**小天使**呢！

然而，
牠們其實也有「**不良少年**」的一面。

科學家在大西洋的
巴哈馬群島附近
觀察野生海豚時，

就看到幾隻**雄海豚**
合夥**圍追**一隻雌海豚，

就算被雌海豚用尾巴「**扇耳光**」，

都不放棄！

（這不就是騷擾嗎？！）

這還沒完，

沒多久另一隻雄海豚過來，

也要對雌海豚「下手」，

兩夥豚就開始當街
「互砍」了起來？！
（很像街頭混混鬥毆了……）

咳咳……
無論是**「熱心」**還是**「騷擾」**，
都跟人類很相似。

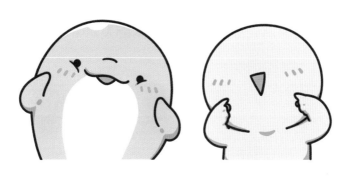

那麼，海豚為什麼會跟人類這麼像呢？

這可能和牠們的**大腦**有關。

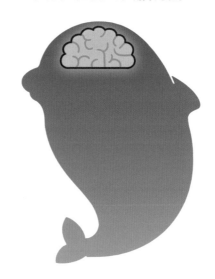

一方面，
海豚的相對腦容量**接近**人類。

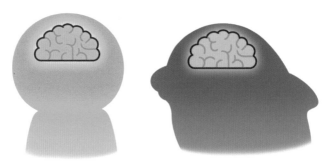

有科學家**對比**了
各種哺乳動物的**相對腦容量**，

狗　　海豚　　猩猩　　貓

結果發現：
海豚的相對腦容量**僅次**於人類，

遠超人類的靈長類「親戚」**黑猩猩**。

而根據「**認知緩衝**」假說，
動物的腦容量**越大**，
行為就**越靈活**，

也就越可能做出**像人**的舉動。

另一方面，
海豚**大腦皮層**的複雜程度
也與人類**接近**。

因此有科學家推測：
海豚很可能是地球上
除了人類之外**最聰明**的動物。

也正是因為聰明，
海豚才做出一些**高等生物**的行為。

例如：牠們有自己的**名字**。

這在人以外的生物中
還是**第一次**發現。

牠們對**聲音**辨識力強，

僅憑**嗓音**就能**分辨**同伴。

記憶力也特別好，

就算兩豚 **20 年**不見，
一聽聲音還能**立刻認出**對方。

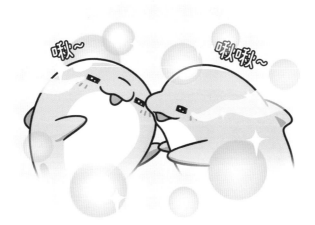

而且海豚還像人一樣

有社會。

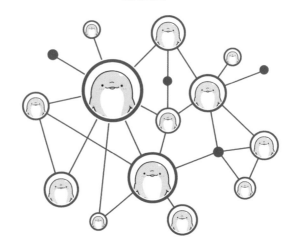

牠們總是**有組織**地一起行動，

上！一起上！
繞他背後!!

組織裡**等級**有高有低，

大哥，
請喝茶。

成員之間還會用**複雜**的**語言**交流。

目前，科學家已經識別出
差不多**二百種**不同的海豚**叫聲**。

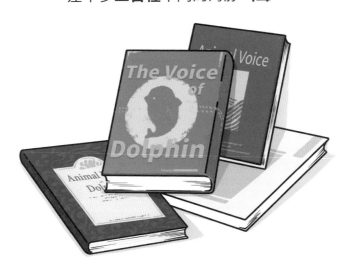

然而，想要**明白**其中的**涵義**，
我們還有**很長**一段路要走⋯⋯

作為一種在**海中生活**的動物，

海豚的**生存環境**正在**急速惡化**。

科學家們發現**絕大部分**海豚
生活的淺海已經**遭到汙染**。

有研究顯示，
只有**不到一半**的野生海豚
是**健康**的，

甚至很多海豚都**長期**活在**病痛**中。

牠們不僅體內**含有**過量的
重金屬、人造有機化學物質等
汙染物，
還時刻面臨被抗生素耐藥菌
感染的危險……

其實，
海豚作為靠近**食物鏈頂端**的海洋動物，
牠的健康狀況
反映著整個海洋的**健康程度。**

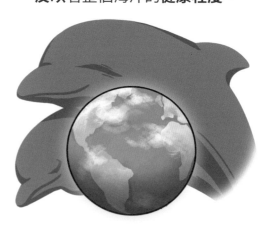

海豚的健康出現問題，
說明海洋也在「**生病**」，

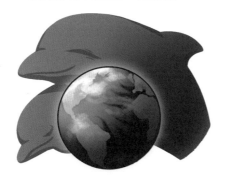

這個我們與海豚共同的「**母親**」
需要大家的**保護**。

因為這不僅是在**保護海豚**，
更是在保護我們**人類自己**。

【完】

【海的寵兒】

海豚是天生的游泳健將,衝刺時每秒可以游 35 公尺,一般時速可到 60-70 公里,普通船隻大多難以趕上。牠們還能深潛,在水下 300 公尺深處都能堅持 5 分鐘左右。

【按時換氣】

海豚雖然生活在水裡,但換氣必須要浮出水面,將空氣吸入肺中。每次換氣後海豚可在水下維持 20-30 分鐘。人們看到海豚成群結隊一起躍出水面,說不定就是牠們一起在換氣。

附錄

【愛熱鬧的海豚】

海豚屬於海洋哺乳動物，可以生活在海洋及一些河流中。牠們喜歡群居，一個海豚群可能有十幾隻，也可能上百隻，而在食物豐富的地方，海豚群聚數量甚至可達 1000 隻。

【衝浪小能手】

海豚是一種願意與人類嬉戲的動物。牠們會在海上跟人玩一種叫作「船首乘浪」或「船尾乘浪」的「遊戲」：海豚會游到船首或船尾的最佳位置，一路乘著船破開的水流玩「衝浪」。

附錄

【神奇的「海豚音」】

這是我的地盤，請你們游開！

海豚能發出不同頻率的聲波，然後根據聲波碰到周圍物體後反射回來的信號判斷周圍環境，瞭解目標物的形狀、距離甚至性質。牠們還能通過聲音警告其他的水中動物自己的存在。

【聞不到】

跟鯨魚一樣，海豚的嗅覺非常遲鈍，已經高度退化，往往聞不到味道。不過對於海豚這種海洋生物來說，在水中，嗅覺其實也沒什麼太大的用處……

最臭的美食，有沒有感覺？

沒感覺……

另外就是

海豚是人類熟知的海洋哺乳動物，牠們身形線條優美，行動迅速又極其聰明。對其基因組進行分析後，科學家們發現海豚是由陸生哺乳動物中的偶蹄目動物演化而成，在距今約五千萬年前才回到水裡。然而，隨著對海豚研究的深入，人們也認識到海豚正面臨著包括海洋汙染、人類捕撈、疾病和雜訊在內各種嚴重的生存問題。

於是，人類組織了一系列針對海豚的保護行動。比如，一九九〇年代，聯合國環境規劃署（UNEP）曾組織各方締結協定，共同保護黑海、地中海、波羅的海等區域的海豚和鯨；二〇〇六年，聯合國又發起了「二〇〇七國際海豚年」活動，呼籲人們參與保護海豚的行動，將保護海豚作為人類共同的使命。例如節約用水，不向海裡亂扔垃圾，少買甚至不買貝殼、珊瑚這些海洋動物製品。只要你願意，許多行動都可以幫助海豚改善生存的環境。

肥志與小黃

四格小劇場

【第19話　小短褲】

話說你為什麼只穿小短褲？

你知道嗎，小黃，我覺得創作時需要無拘無束。

束縛，會限制你的思想，而且最重要的是……

這才是……你真實的想法吧！

這樣，可以少洗很多衣服。嘿嘿嘿！

糞金龜的
原來如此

2010 年**南非世界盃**開幕式上，

演員們操控一個道具**蟲子**
推著足球**進場**，

這個**蟲子**就是……

「糞金龜」

咳咳……
還真是一隻
「有味道」的蟲蟲呢……

但「糞金龜」只是一類**暱稱**，

牠包含了**幾千種**不同的甲蟲。

我們**最熟悉**的，
就是會**推屎球球**的那種。

是我！

牠們雖然吃屎……

（咳咳……）

但也吃得**不隨便**！

我們很有追求的！

例如：會將屎**滾成**精緻的**球形**，

而且還會**挑**自己喜歡的**口味**。

是82年的！

吃屎的牠們

非常強壯！

團成的屎球球
是牠們自身重量的 **1141 倍**。

牠們用「**手**」推著球**倒退走**，

但倒退走時怎麼**看路**呢？

科學家**研究發現**糞金龜們
通過「**觀察星空**」來導航。

牠們一般會**爬上**自己的屎球，

確認天體的**位置**

例如：觀察**太陽**和**月亮**，
以此來**確認方向**。

雖然糞金龜給人感覺**髒髒的**，

但也有很多愛牠們的**粉絲**。

例如：
古埃及人。

他們認為太陽**東升西落**，

一定是**神**的傑作！

但神究竟是怎麼做到的呢？

思來想去，
他們把**目光鎖定**在**糞金龜**身上。

太陽很**圓**。

屎球也⋯⋯很**圓**⋯⋯

所以⋯⋯他們認為
太陽就是被**蟲一樣**的神**推動**的。

而且古埃及人還覺得
糞金龜有**重生**的力量！

所以做**木乃伊**時，

還會把死者的心臟

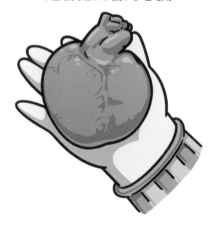

替換成糞金龜形狀……的**石頭**……

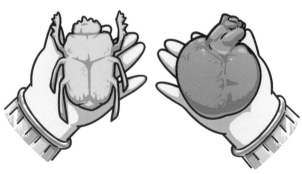

咳咳……

我們不要嘲笑古埃及人，

因為我們的**祖先**也是糞金龜粉……

大人！

糞金龜和牠們推的屎球

都是能**入藥**的……

《本草綱目》就記載，

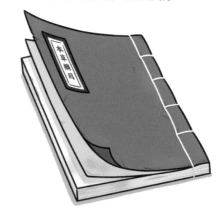

糞金龜能治**手足寒冷**，

暖寶寶

還能治**便祕**。

（真刺激⋯⋯）

我明明只負責吃⋯⋯

不過處理屎
真不是一個應該**被鄙視**的工作，

反而**值得尊重**！

有科學家表示：
「糞金龜是生態系統的重要組成部分。」
可以說，
「和蜜蜂一樣重要」。

澳大利亞**畜牧業**很發達，
養了很多的**牛羊**。

牛羊的糞便卻**沒人處理**，

因為本地糞金龜**不愛吃**……

難吃。

牠們比較喜歡
袋鼠和**鴨嘴獸**的便便。

牛羊**糞便**的大量**堆積**
引來了大量**蒼蠅**，

環境汙染極其嚴重。

怎麼辦呢？
澳大利亞人靈機一動，

從國外引進了**五十多種**糞金龜。

在短短 20 年間，
蒼蠅**減少**了 90%。

但糞金龜的作用還**遠不止於此**。

牠們**移動糞便**，

能夠幫助**傳播**
動物吃掉的植物種子；

將糞便轉移到洞裡，

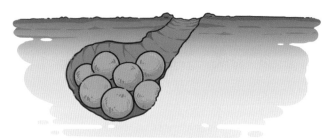

能夠**增加**土壤**肥力**；

牠們還在屎球裡**留下空隙**，

減少了 40%發酵產生的**甲烷**，

從而**減少**了**溫室效應**。

哈
——
真
涼
爽
！

小小的糞金龜
卻給**自然**做出了大大的**貢獻**！

其實在大自然這個「**家庭**」裡，
每一種生物都有他／牠們獨特的**位置**。

糞金龜的 **「髒」**
都是基於**我們**的文明而定義的。

拋開這些立場，
對於**自然**來說，
我們都是**平等**的生命，
誰都不比誰高貴。

這群「吃屎」的傢伙
其實也是**很可愛**的呢！

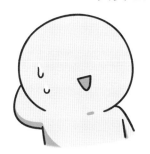

吃嗎？

【完】

附錄

上門服務 專業清糞

【無處不在的「清道夫」】

糞金龜大家族中，大多數糞金龜以動物糞便為食，且除南極洲以外，任何一塊大陸上都能找到牠們的身影。其中一個品種——神農蜣螂，就曾被專門引進到澳大利亞，幫助解決澳大利亞的牛糞問題。

【不同口味】

內布拉斯加大學研究團隊發現北美大平原上的糞金龜更喜歡黑猩猩等雜食動物的糞便。研究人員推測不同糞金龜對糞便的喜好不同，可能是為了避免互相競爭而演化來的。

猩猩糞便　牛糞　袋鼠糞便

附錄

【龜多糞少】

糞金龜不僅品種多，數量也很驚人。據熱帶生態學家特朗德·拉森（Trond Larsen）稱，在熱帶地區，一個區域往往有超過一百五十個糞金龜品種。在糞便有限的情況下，有些糞金龜甚至演化成不吃糞便的品種了……

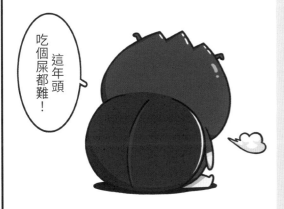

這年頭
吃個屎都難！

【全彩夜視儀】

糞金龜晝夜都能活動，在夜間，牠們依舊能準確找到食物和配偶，以及躲避捕食者。科學家依據其眼睛工作機制研發出全彩夜視鏡，希望能用牠拍下的即時全彩動態圖像，說明人們提高夜間駕車的可視能力。

ALANG

阿郎牌

【超級大力士】

糞金龜能推動比自己重很多倍的屎球，其中最厲害的是一種叫作食糞金龜的糞金龜。據研究，牠們僅 10 公釐長，卻能拉動相當於自身體重 1141 倍的物體，這就相當於一個人要徒手拉動 6 輛滿載的雙層巴士。

【竟然不是屎！哼！】

食糞專家也有看走眼的時候。銀木果燈草（Ceratocaryum argenteum）是一種植物，牠的種子呈圓形且自帶動物糞便的氣味。糞金龜經常尋味而來，將種子運到遠處，往往要等到埋進地裡之後才發現弄錯了，等於白當了一回搬運工。

假貨

另外就是

大氣、土壤、江河湖海、動植物等一起組成了錯綜複雜的生態系統。人類的衣食住行、生產生活無一不基於此。在有限的程度裡牠可以自我調節，可一旦超過調節限度，危機就會出現。

以澳大利亞為例，這片獨立的大陸上原本有著自己的生態系統，但十八世紀以來，隨著牛、羊等其他大陸生物的引進與大量繁殖，澳大利亞的生態系統面臨著越來越多的威脅。其中之一就是牛羊糞便帶來的蚊蠅肆虐和環境汙染。為此，澳大利亞聯邦科學與工業研究組織（CSIRO）開展了「澳洲糞金龜專案」（Australian Dung Beetle Project），從世界各地引入超過五十種糞金龜。在牠們的幫助下，不僅糞便被消滅，蚊蠅密度也下降了九〇％。

在漫長的歲月裡，人類一直試圖征服自然，而較少去思考平衡和保護。所幸在不斷摸索中，我們開始探知到方法。研究規律、保護環境，其實也是在保護人類自己。

肥志與小黃

四格小劇場

【第20話 試一下嗎？】

鴿子的原來如此

達爾文
在他的神作《**物種起源**》中
記載了很多種動物，

但你知道誰才是他的**真愛**嗎？

是**鴿子**！

問題是，
鴿子**個頭兒比雞小**，

樣子也**沒老鷹帥**，

為什麼……
人氣就這麼**高**呢？

就是！

啊……我唔知（不知道）

就是！

你看**國慶儀式**，

運動會開幕，

什麼景點啊，公園啊……
走到哪裡都有牠。

我們今天就來揭示
鴿子的人氣之謎！

故事還得從**古時候**說起，

很久很久以前

大概就是在 **5000 年前**，
人類就有了關於鴿子的**紀錄**。

我們**常見**的鴿子

都是從一種叫「**原鴿**」
的野鳥**馴養**來的。

我祖先！

馴養的**目的**其實也很**簡單**，

因為**牠們的肉好吃**……

到**古埃及**時期，

養鴿業已經非常**發達**，
鴿子的**數量越來越多**。

牠們一些**不為人知**的能力

也被發掘了出來。

例如：

認路！

有人發現

這種**溫吞吞**的鳥兒，

無論**離家多遠**，
牠都能**飛回來**。

於是，

信鴿就「誕生」了！

咕！

古埃及人

用牠們**通報**尼羅河的水情，

淹到膝蓋啦！！

古希臘人

用牠們**廣播**奧運會的結果。

而中國到了**隋唐時期**

不僅也**養信鴿，**

還給牠們取了個**外號**叫：

不過，

隨著**電報**、**電話**的出現，

很多人會疑惑：

「**飛鴿傳書**」這種**古老**的通信手段

是不是早就被**淘汰**了？

其實沒有那麼快！

一直到 **1950 年代**，

信鴿不但**沒失業**，

還**大規模服役**於各國部隊。

例如：**第二次世界大戰**中，

美國就曾訓練過

五萬四千隻信鴿**傳遞情報**，

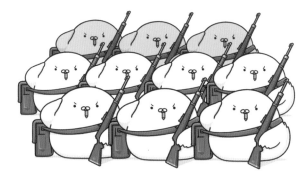

通信**成功率高達 96%**！

使命必達！

是不是**很棒棒**？

沒有啦！

然而，
鴿子能這麼**受歡迎**
靠的可不只是送信。

魅　力

在古希臘最早的**神話**裡，

（皮拉斯基族神話）

女神**歐律諾墨**

就是在**化身鴿子**後……

才生下了**創世之卵**。

累死我了……

而《聖經新約》則記載，

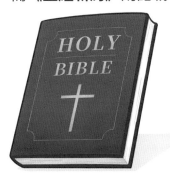

耶穌接受洗禮後，
神的靈**從天而降**，

最後也是以**鴿子的樣子**
落在了耶穌的**身上**。

咕!

有學者認為，
這是因為鴿子**溫順**、**愛乾淨**，

所以相比其他鳥類，
更符合古人**對神**的**美好想像**。

粉絲濾鏡

這種**印象流傳**下來後，
鴿子就慢慢被**神化**了。

那麼，問題來了……
鴿子這麼 **「賢良淑德」**，
牠的**人氣**有一直保持嗎？

呃……
至少**沒有發生**在 21 世紀。

2003 年，**倫敦市政府**宣布：

倫敦特拉法加廣場

進入「**戰時**」狀態。

因為當地居民和遊客的**投餵**，

吃吧吃吧。

廣場上「**定居**」了**上萬隻**鴿子。

便便**鋪天蓋地**不說，

牠們還**投「屎」**……

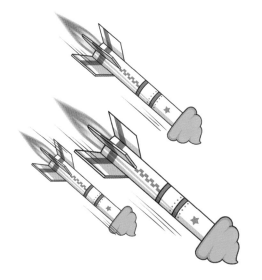

因為屎裡面含有大量**銨和尿酸**，

造成廣場上的**建築**
被**嚴重腐蝕**……

無獨有偶，
2007 年美國**密西西比河**上的
一座公路橋**坍塌**了，

造成 **13 人死亡**。

雖然事故**原因複雜**，

但大家普遍認為：
就是鴿子拉的屎造成的！

接二連三的**事故**
讓人們**意識**到，
愛鴿子的**方式**需要做出**改變**！

如今，
美國、英國、加拿大等國家
都已經**實行政策**，

限制城市鴿子**數量**，

以**避免**鴿糞的**汙染問題**。

與此同時，
人類開始著眼**未來**，
探索與鴿子共處的**新方法**。

比如，倫敦的**工程師**
嘗試在鴿子身上**裝載感測器**，

幫助**監測**倫敦的**空氣品質**。

美國科學家
試圖**利用**鴿子出色的
圖像辨別能力,

來**判斷**病人的
腫瘤是**良性還是惡性**。

可以肯定的是,
隨著對鴿子**研究**的深入,
我們還會**收穫更多驚喜**。

而鴿子作為陪伴人類**最悠久**的好夥伴之一，
與其**科學共處**，
以及**正確認識和對待**其他動物，

都將是人類需要**不斷努力**的課題。

【完】

附 錄

【一起養寶寶】

爸比……

大多數鴿子每次繁衍時只產卵兩枚，由雌鴿和雄鴿共同承擔為期1個月左右的孵化和育雛任務，且雌鴿和雄鴿雙方都能夠分泌鴿乳來餵養雛鴿，幫助雛鴿迅速成長和發育。

【強壯的翅膀】

鴿子翅膀上的肌肉重量可達牠身體總重量的44%，能使鴿子每秒揮動翅膀近10次，讓飛行時速達70公里（相當於普通火車的運行速度）。

附錄

【再遠也要回家】

還是宅在家裡好哇！

鴿子具有很強的歸巢性，牠出生在哪裡，一生都會生活在那裡，如果被帶離出生地，牠便會竭盡可能地飛回去，無論距離有多遠。也正因為這個特性，牠才成了人們的「郵差」。

【裝死絕技】

鴿子遇到捕食者（例如：鷹、隼）的追擊時，會突然開始裝死，變得遲鈍呆滯，伴有肢體的抽搐，甚至做自由落體狀，以欺騙那些不喜歡吃「腐肉」的捕食者們，讓牠們放棄追蹤。

【一心一意】

鴿子是忠貞的動物，嚴格地實行「一夫一妻制」，一旦選定一位伴侶，便只有死亡才能將牠們分開。而且只要伴侶在家等待，出遠門的鴿子就會因為思念，更加急迫地歸家。

【高智商鴿子】

據研究，鴿子認識世界的能力與人類很相似。牠們可以辨別不同的圖形、景觀、同伴以及人類的樣貌，能夠記憶上千張圖片。甚至有科學家認為鴿子能夠認識人類的文字。

另外就是

鴿子擁有廣闊視野和敏銳視覺，世界在牠的眼中都如慢鏡頭播放；鴿子能聽到的聲音頻率範圍也遠遠超出人類，甚至能捕捉到地震等災害發出的次聲波。而其最神祕而強大的技能，則莫過於導航能力：無論被帶到離家多遠的陌生地點，鴿子都能準確地找到回家的路線。人類發現這個事實起碼有千年的歷史，但至今也無人能解釋清楚其中的原理。近代以來，科學家們只能提出一些假設，比如認為鴿子能探測地球磁場，或用敏銳的嗅覺辨別不同方向的氣味等，並在假設的基礎上展開多項試驗。而試驗的結果更令人驚奇，幾乎每一項要素受干擾時，都多少會使鴿子暫時失去方向感，卻不妨礙牠最終依舊能平安地飛回家，這使鴿子顯得更加神祕而複雜。牠仿佛是大自然派出的「郵差」，提醒著人類這世界上仍有無數未知，從浩瀚無垠的宇宙到日常可見的鴿子，都需要我們繼續發現、探索。

肥志與小黃

四格小劇場

【第21話　七彩雲罩】

也是……

不過你不能出門也穿小褲褲吧。

嘿！祕寶「七彩雲罩」！

七彩雲罩

哇！

這個罩子穿上後，你在外人眼裡就是穿著衣服的。

哇，好棒呀！

而且牠還能保持恆溫狀態喔！

龜 的
原來如此

王，

萬人之上，**尊貴無比**！

八，

諧音**「發」**，受人追捧！

但當這兩個字
連在一起的時候……
呃……

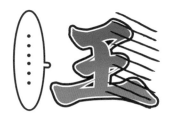

也就成了我們說的「烏龜」！

王八是龜鱉目的**俗稱**，

指陸龜、海龜、甲魚等
長著甲殼的**爬行類**動物。

洗刷刷⋯⋯　　　　洗刷刷⋯⋯

龜是**蛋生**的。

除了**基因**，

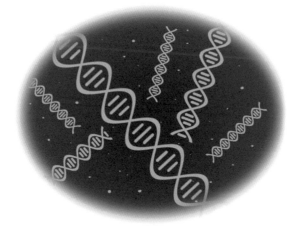

孵蛋的**環境溫度**
也會影響小龜龜的**性別**。

例如：
草龜在恆溫 26°C孵化的全是**雄性**，

恆溫 33°C孵化的就全是**雌性**。

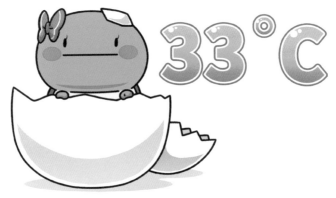

咳咳……
當然，
對於龜來說，

最**吸引**人們的特點是：

長壽

據記載，
壽命最長的龜
已經超過 188 歲。

188歲

我曾見過你曾爺爺。

也有報導稱，
有的龜能活到 250 歲以上。

我曾見過你曾曾曾曾爺爺。

一兩百歲看來其實挺平常的，

So easy！

不過，
這壽命再長，
也比不過人類的想像力！！

在古人的「粉絲濾鏡」下，

烏龜不但**動不動**就能活

千萬歲，

甚至還成了**世界之源**！

印第安人的神話裡，

世間萬物原本都泡在**水裡**，

而**神**則住在**天上**。

有一天，神意外**掉了下來**，

為了**不讓神**掉進水裡，

海龜自願**揹著泥土**浮出水面。

陸地就這麼**形成了**……

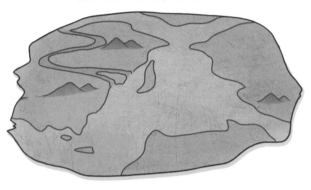

這種**大海龜撐世界**的故事
還**不止一家**。

古印度人**也認為**
烏龜撐著世界，

只是烏龜和世界之間
還**隔著大象**而已……

一龜背負眾象，世界位於眾象軀體之上

中國古代
同樣認為烏龜有**神奇的力量**。

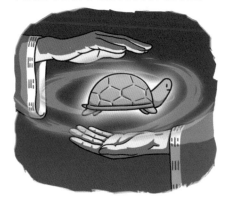

殷商時期，
人們就通過**龜甲占卜**。

到周朝，
還有**官職**叫「龜人」，

專門**負責管理**祭祀時候用的龜。

到了漢朝，
龜就被**捧得更厲害**了。

漢代文學家**劉向**說龜：

存亡之變　能知吉凶　下氣上通　千歲之化　右精象月　左精象日

解釋一下就是，
龜龜不但眼睛**長得像天地日月**，

還能夠**預測凶吉禍福**，

簡直就是**宇宙的化身**！

於是乎，

很多**文化人**也喜歡龜龜。

例如：著名詩人**陸游**，

在**晚年**
就自號「龜堂」，

還用**龜殼**做**帽子**戴頭上，

挺好！挺好！

希望自己**像龜一樣**長壽，
又悠閒自在……

（不就是做個快樂肥宅嗎？！）

不過,

「龜」紅是非多!

小龜龜 🦋 Lv.99

3	66900000	1421
按讚	粉絲	部落格

熱度那麼大,
自然也有**負面**的印象。

在元朝時期，
政府規定**娼妓家男子**
必須戴**青色**頭巾，

而龜的背上容易生**綠色水藻**，

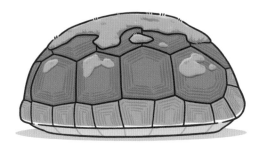

就跟頭上有**一片草原**一樣……

於是乎，
龜龜也成了**綠帽男的代名詞**……

這能怪我？

然而，
人們對龜的**瞭解**依舊十分**有限**，

這樣的**無知**
帶來了極其**嚴重的後果**……

例如：有一種烏龜叫**巴西龜**，

但是牠卻來自**美國**。

由於**容易繁殖**且**價格低廉**，
被我國**大量引入**。

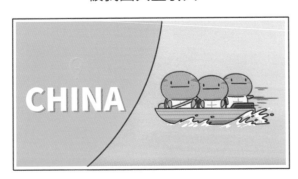

牠們被當作**寵物**飼養，

或者被想做**善舉**的人拿去**放生**。

在進入我國**生態環境**之後，

巴西龜憑藉自己的優勢

大肆繁殖，

導致很多本土龜類幾乎**消失**……

這樣的案例

被稱為：

「生物入侵」

每年**總共**造成直接**經濟損失**

1198億元

從 **2009 年**起，
為了**保護生態環境**，

世界自然基金會等機構
發起**聯合呼籲**，
共同**遏制**巴西龜的蔓延趨勢。

世界自然基金會

不管是作為**寵物**，
或是**入侵生物**，

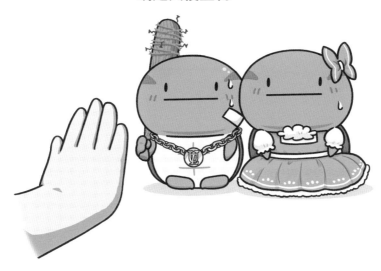

龜作為一種自然動物，
陪伴我們**上千年**，
早已成為很多**文化中的一部分**。

無論是「**神龜雖壽**」，

還是「**王八蛋**」……

被**愛**了，也被**罵**了……

疲憊……

反正龜龜已經「**進入**」
我們的**文明生活**中，

如何**尋找**到
與牠們**和諧相處**的方式，
還需要我們繼續去**努力**。

【完】

附錄

【日光浴】

幾乎所有龜類都喜歡太陽。牠們一般在太陽升起，氣溫升高後才會出門尋找食物。天氣好的時候，牠們還會在石頭或木頭上做個「日光浴」，以此來補充身體的熱量和鈣質。

【憋氣強者】

龜類雖然用肺部呼吸，但在已知的所有龜中，有 70% 都過著水棲生活。這是因為牠們的皮膚上有可以交換氣體的微血管系統，使得牠們浮上水面呼吸一次，就能在水底待 20 個小時。

【形態各異】

烏龜的龜殼（背甲）形狀會因棲息環境的影響而發生改變。水中生活的烏龜要減少游泳阻力，龜殼較扁平；陸地生活的烏龜為了讓食肉動物「難以下嚥」，龜殼更加高聳，有的還會生長出棱角。

【睡飽了再幹活】

生活在中國新疆的四爪陸龜，在一年之中既要冬眠又要夏眠，只有3月到7月比較活躍。牠們會抓緊這幾個月的時間進食並生長，還要努力完成繁殖，任務非常緊迫。

【改行吃素】

平平淡淡才是真。

多數龜都為肉食性，但綠海龜的食性較特殊，會隨著年齡而改變。幼年的時候，牠們是肉食性，主要吃蠕蟲、水生昆蟲；成年後，牠們逐漸變成「素食主義者」，只吃海草和海藻等植物。

【慢跑選手】

因為龜殼的束縛，龜的行進速度很慢，連保持著「世界上爬行最快的烏龜」這個金氏世界紀錄的龜，最好的成績也只是在 19.59 秒內跑完 5.48 公尺，而人類幾乎只需 1 秒就可以跑這麼遠。

龜屬於最古老的爬行動物，兩億多年前的恐龍時代就已經有了龜的身影。儘管環境和氣候有所改變，牠們始終按自己的節奏延續著生命軌跡。可隨著人類對自然的大規模改造，龜的存續開始面臨挑戰，這在海龜身上展示得尤為明顯。海龜能輕易辨別海底幾萬里的方向，堅硬的外殼幾乎可以防禦一切水下的兇猛動物。然而現在，牠在沙灘上找不回故土，在海底躲不過汙染。綠海龜需要洄游到出生的海灘上才能產卵，可隨著海灘被越來越多的人工建築侵占，難以順利尋回出生地的綠海龜可能會終生不育。此外，海龜會誤食海洋中的塑膠，造成嚴重的腸胃損傷……好在如今人們已經意識到這些問題，開始治理海洋汙染，建造自然保護區，修復海龜的生存環境。對每個人而言，其實不在海邊亂扔垃圾，就是在保護海龜，保護海洋。或許未來，我們甚至能與海龜一起探索美麗而神祕的海域。

117

肥志與小黃

四格小劇場

【第22話 去逛街吧】

小黃，帶你去逛服裝店吧。

嗯？

但我們鳳凰一族的羽毛就是自然界最美的了，所以再漂亮的衣服，我們都……

你看這件好看嗎？

果然……

那我就勉為其難……試一試吧……

狗的原來如此

哪種動物
是人類最好的**朋友**？

當然是……
狗啦！

汪！

相信大家都聽過：
「狗是人類最好的朋友。」

不過，
這句話**有根據嗎**？

有的！

有調查顯示，
在世界上的 **22 個國家裡，**

有 33% 的人**養狗**，

狗的受歡迎度位列**第一**！

可是為什麼我們這麼喜歡狗呢？

這得從很早以前說起，

狗早在 3.2 萬 -1 萬年前
就開始跟人類**共同生存**，

是第一種
被人**馴化**的動物！

也許是因為時間
實在**太早了**，

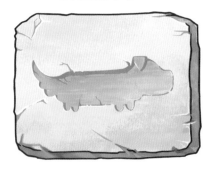

最早馴化的具體時間和地點
在科學界都**有爭議**。

首先，
狗的祖先是**狼**！

野生的狼在**覓食**的時候，

被人的食物吸引。

打獵太累了⋯⋯還風險大⋯⋯

你這沒出息的！

嘁！

吃點人類的剩飯剩菜
慢慢成了狼的一種新的**生存方法**。

而我們的祖先呢，
也覺得不錯。

狼不僅**體力好**，跑得快，

還很**能打**！

簡直是打獵的**好幫手**！

所以從那會兒起人狼
就**結盟**了！

可是，
那麼野的狼
又是怎麼**成為狗**的呢？

答案是：
靠人「**投票**」選擇出來的。

在人與狼的相處中，
溫順的狼更容易
在人類群體中生存下來。

蹭

靠一代代**基因**篩選，

那些溫順的「狼」
就**演變**成「狗」。

為了**證明**這個觀點，
1958 年，
蘇聯科學家用實驗
「複製」了這樣的過程。

他們養了一群狐狸，

只挑選**親近人類**的進行繁殖，

到第六代，

狐狸就開始變得跟**小狗一樣**
搖尾巴和舔人了。

當然，
這麼多年的**「神操作」**過去，

狗狗不只是變得溫順，
還多了很多別的**特色**。

據世界犬業聯盟（FCI）的資料顯示，
全世界總共有**三百六十種**狗。

牠們不僅有大有小，

更是**憑藉**多樣的**能力**，
在人類社會
發揮著**不可替代**的作用！

導盲犬、

搜救犬、

緝毒犬……

順帶一提，
就連進入太空的**第一隻動物**
都是一隻小狗。

當然，
對很多「**犬派**」來說，

最重要的是，
狗狗是**家庭**中不可替代的**成員**！

有研究顯示，
當狗狗和主人**對視**的時候，

狗子，看我⋯⋯

人和狗身體裡的
催產素就都會升高！

（咳咳，催產素看來並不只是管生孩子的！）

催產素又稱

「愛的荷爾蒙」

牠升高後，
人往往會表現出
更多的**依戀和親密**行為。

換句話說，
我們和狗狗
並不是簡單的**等級**關係，

而是有著**真正的感情**！

🎵~朋友一生一起走~🎵

這也難怪
那麼多人**喜歡**狗了。

汪！

米蘭・昆德拉
（著名作家，著有《不能承受的生命之輕》）

就曾「吹」過：

「狗是我們與天堂的聯結。」

著名的 **「忠犬八公」**
在車站等待逝去主人的故事，

曾引得無數人動容。

那麼……
狗狗就真的受到**全世界的喜愛**嗎？

並沒有！

雖然狗狗聰明又忠誠，

但作為**身分低微**的家畜，

牠也成了卑劣的**代名詞**……

例如：

「走狗」「狗腿子」，

全都是**借狗**來諷刺人……

狗又有什麼錯……

在《現代漢語詞典》

（2002 年增補本）中，

狗的原來如此

「狗」這個**詞條**下收錄了十七個詞語，

狗……

十五個都是**貶義詞**……

（狗狗也真是很委屈了！）

從幾萬年前到現在，
狗一直陪伴在我們身邊，

要嘛是「狗吠非主」的**讚美**，

要嘛是「人模狗樣」的**鄙視**。

而現在，
越來越多的年輕人
開始以「狗」**自嘲**。

「加班狗」、「單身狗」……
這樣生動形象的詞彙，

讓人和狗的關係似乎**進了一步**，
不再是那麼非好即壞。

這一切的一切，
都證明著這種小生命
早已經成了我們人類**生活裡**
不可分割的**一部分**。

相信未來的日子裡，
狗狗也將繼續陪伴我們走下去。

【完】

【超能力嗅覺】

據美國科學家報導，狗狗的嗅覺可達人類萬倍以上。牠們能夠依靠嗅覺辨別出人類生氣或高興時散發出的不同身體氣味，甚至通過訓練，還可以聞出一個人是否患有癌症或糖尿病。

【多功能尾巴】

狗的尾巴在奔跑時起著「方向盤」的作用，當牠需要向左轉時，就會把尾巴擺向左邊以保持身體平衡，反之也是如此。而對於那些沒有尾巴的狗狗，牠們轉彎時的靈活性就會差很多。

附錄

【香就是好吃】

狗的嗅覺很靈敏，但味覺卻比較遲鈍。牠們幾乎品嚐不出味道，更多是靠嗅覺來分辨食物的種類和好壞。如果想刺激狗的食欲，最重要的是讓食物聞起來足夠香。

【隨機應變的視力】

狗是近視眼，但牠們近視的程度卻分情況。例如，狗無法看清 100 公尺外靜態的物體，卻能捕捉到大概 800 公尺外的活動物體。此外，狗的視覺還會在晚上增強，讓牠們能夠在黑夜中自由行動。

【選美大賽】

美國從 1877 年開始每年都會舉行世界知名的「西敏寺全犬種大賽」，給世界各地所有種類的狗進行選美。選美的標準不單看狗的外形，還要看狗狗的健康狀況、協調程度以及儀態等。

【順風耳】

狗的聽力是人類的 4-16 倍。相比人類，狗的耳朵不僅能聽見更細小的聲音，能聽到的音訊範圍也更廣。此外，狗對聲源的定位能力也很強，能靈活地分辨來自 32 個方向的聲音，其分辨能力是人類的兩倍。

狗已經陪伴了人類上萬年。牠們可愛、聰明，又通人性，曾在各種險惡的環境中與人類合作共存，是人類忠誠的好朋友。即使到今天，人們也願意把狗留在身邊當寵物。然而，隨著越來越多人移居到城市，怎樣養狗成了一個社會問題。

遛狗不綁牽繩可能會傷害到他人；犬吠會擾鄰；狗的排泄物不清掃會汙染環境；飼主的遺棄和虐待行為，更會對狗的身心造成惡劣影響。近十幾年來，各國開始推出式飼養犬隻等寵物的規定，專門規範人們的飼養行為。規定包括主人必須給狗登記身分、接種疫苗，主人的遺棄行為將被追責等。

此後，許多國家的大小城市也紛紛加入，加上愛狗組織努力普及科學的養狗知識，城市養狗問題才得到改善。希望每一個愛狗的主人都能意識到：養狗不只是愛好，也需要承擔一份責任。只有文明養狗，才能讓人與狗愉快相處，才是真的對狗好。

肥志與小黃

四格小劇場

【第23話 假髮】

人類的
原來如此

你一定**見過**下面**這張圖**吧。

這張圖**被認為**描繪的是
「**人類進化**的過程」。

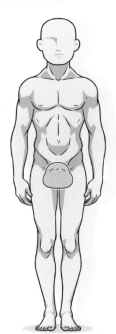

然而，

這⋯⋯只是個**誤會**⋯⋯

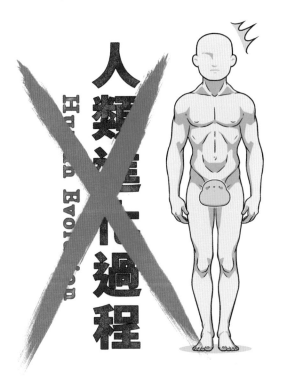

因為這張圖**列舉**的只是

各種「猿」的**示意圖**⋯⋯

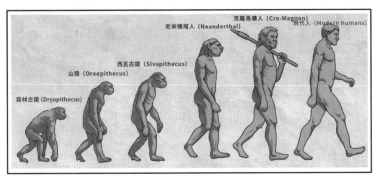

註：上圖從左到右依次是：森林古猿（Dryopithecus）、山猿
（Oreopithecus）、西瓦古猿（Sivapithecus）、尼安德塔人
（Neanderthal）、克羅馬儂人（Cro-Magnon）、現代人（Modern
humans）。

在這張圖裡面，
只有**最後那個**才是**我們自己**，

也就是**智人**！

註：1758 年，卡爾・林奈（Carl Linnaeus）在《自然系統》第十版
中第一個運用雙名法將人類歸入動物界，並命名為 Homo sapiens。
其中，Homo 指「人屬」，sapiens 指「有智慧的」。

在 **1924 年**，
南非發現一個**靈長類幼兒化石**。

南方古猿

註：南方古猿是現今確認最早的人類，生活在距今約 420 萬 -100 萬年前。
第一個被發現的南方古猿化石位於南非開普省的湯恩採石場，化石本體為
一個 5-6 歲的靈長類幼兒，約有 250 萬年歷史。

科學家確認那時的 「人」
已經可以直立行走。

註：人類學家認為南方古猿腦容量雖小，但是從頭骨底部 枕骨大
孔位置判斷，他們已經可以直立行走。

人類的原來如此

到 1960 年，
坦桑尼亞發現一個男孩化石
和一些**石器**。

能人

註：1964 年，人類學家路易士・利基（L.S.B. Leakey）在《自然》
雜誌上發表論文宣布在東非坦桑尼亞發現的男孩化石代表了一種
新人屬──能人。

化石顯示，
「人」的大腦變大了，

而且開始**製造**和**使用工具**。

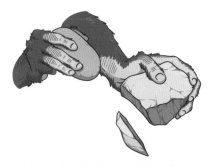

註：能人生活在距今 200 萬 -150 萬年前，他們的腦容量大
約為 610 毫升，較南方古猿（469 毫升）更大。此外，能人
精確抓握能力更強，可以製作包括割破獸皮的石片和敲碎骨
骼的石錘等工具。

1920 年代，
北京出土**北京猿人**化石。

北京猿人

註：1891 年爪哇島首次發現直立人化石，但直到北京猿人化
石和石器在周口店被發現，才確立了直立人在人類演化歷史
上的地位。直立人又稱直立猿人，生活在 170 萬 -20 萬年前。

這個發現證實「人」**製造工具**的**能力**
進一步**加強**，

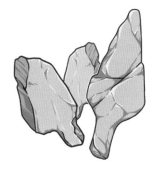

而且還學會了**控制火**的能力。

註：直立人平均腦容量約 900 毫升，晚期直立人腦容量高達 1200 毫升。他們製造工具的能力進一步加強，已經有了控制火的能力。

以上的發現，

雖然證明「人」在**不斷進步**，

但他們卻都**不是**我們的**直系祖先**。

註：支持「非洲單一起源說」的學者認為，現代人類（晚期智人）是有別於直立人和早期智人的一個新物種，大概在 20 萬 -14 萬年前起源於非洲。

但看著這些**發現**，
我們不免可以這樣**猜想**：

在遠古時代，

我們的**祖先**一開始晃蕩於
非洲的樹林之中，

註：森林的植物量是草原的 100-150 倍，生產量是草原的 10-30 倍。
對靈長類動物而言，生活在樹林中不僅食物豐富，競爭動物少，被捕
食的壓力也比地面小很多。

隨著**氣候的變化**，

註：地質學家認為，由於地球板塊構造和洋流變化，始新世中期（約
4500 萬年前）以後，地球氣候持續變冷。漸新世（約 3400 萬年前），
南極大陸首次出現冰蓋。

森林減少，草原變多，

註：始新世晚期至漸新世早期，地球高緯度地區的海洋平均溫度下降
了約 5℃。氣候變冷導致森林面積大幅縮減，進入中新世（約 2300 萬
年前），草原逐漸成為主導。

祖先們不得不**下地面**覓食，

註：類人猿化石大量出現於非洲中新世初期（2300 萬 -1500
萬年前）的地層裡，顯示當時類人猿從森林生活向草原生活的
適應性輻射過程。

於是乎，他們開始學會**直立行走**。

註：關於人類直立行走的成因，科學界提出了很多種假說。其中有
一種觀點認為人類可以減少能量消耗，適應在地面長距離移動。

在寬廣的**大草原**上，
祖先們不僅可以**追逐野獸**，

註：早期古人類主要依靠採集、狩獵小型動物為生，處
在食物鏈的中間位置。

也可能**被野獸追**······

註：劍齒虎、恐貓、洞獅、洞熊、碩鬣狗······瞭解一下。

人類為了**奔跑**起來時

更好地**散熱**，

身上的**毛髮**漸漸**脫落**，

註：人類體毛消失，最有名的假說是「身體冷卻說」，人類祖先從森林進入草原之後，白天氣溫很高，大量出汗，失去體毛有利於在熱環境中生活。

就變得**光溜溜**……

有一天，

一道雷劈了下來，

註：閃電、火山爆發、自燃等是常見觸發大自然火災的原因。

不僅使草木著了火，

還**烤熟**了野獸們！

註：考慮到自然火災的發生頻率很低，古人類學會用火是一個循序漸進的過程。有推測認為，古人類先是模仿一些動物在火災後到火場附近覓食，之後才學著轉移自然火種。

真香！

從此，
人類意外地獲得了**火種**，

順便學會了 **「做飯」**。

（當然這只是個猜想！）

但「做飯」的**技能**
倒是讓人類更好地**消化食物**。

有一種觀點認為，吃熟食讓「人」
多獲得能量，
使**大腦**得到**進一步的發展**，

註：人類的大腦需要極多能量，即使在休息中，人類也要提供 1/5 的
能量給大腦。因此，人類大腦進化得空前巨大，意味著人們需要更多
能量。烹飪則使得人們在咀嚼、吞嚥和消化中消耗的能量大大減小，
進而吸收更多能量。

有了**更多的想法**。

註：大約 20 萬年前，晚期智人（現代人類的祖先）
出現。

其中有個**重要**的決定，

那就是**蓋房子**！

註：早在舊石器時代（約 260 萬 -1.2 萬年前），人類就已經會
建造住所了。房屋建築幫助人類削弱自然氣候的影響，使得人類
能夠適應各種不同的環境，並最終成為遍布世界的物種。

從告別山洞住進房子開始，

人類漸漸地把自己與自然**隔開**了。

我們**創造**了和其他生物
完全不同的生活環境。

註：人類創造建築，還有了充足的食物來源，進一步有了先進的科技
和醫療設施。不管某個人的基因如何，大部分的人可以將自己的基因
傳遞下去。

不僅**不再害怕**自然的風吹雨打，

甚至有了「**膽量**」
去**改變大自然**。

於是乎，
人類開始從**非洲**走向全世界，

註：關於人類起源，「非洲單一起源說」提出，我們這個物種最早大約在 20 萬年前出現在東非。非洲是現代人的唯一起源地，其他地區的現代人是非洲誕生的早期現代人擴散的結果。

在這個**遷徙繁衍**的過程中，

人類慢慢走上食物鏈**頂端**。

有無數的物種**滅絕**，

註：有專家在《科學》（Science）發表論文認為，人類活動造成物
種滅絕的速率是環境背景滅絕速率的 1000 倍。

也有些物種**數量暴漲**，

例如：豬、羊和雞。

註：根據聯合國糧食及農業組織（FAO）的資料，2018 年全世界總共
約有 10 億頭豬和 20 億隻羊，以及 237 億隻雞。

農業用地占據了 **1/3** 的陸地，

註：耕地和牧場加起來，超過了地球總陸地面積的 1/3。

道路四處蔓延，

城市拔地而起，

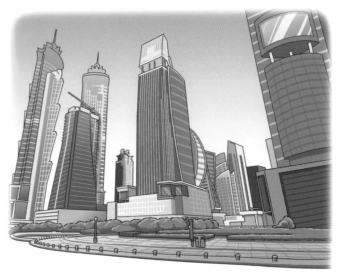

人類數量達到 76 億多。

註：12.5 萬年前，世界人口總數量約為 1 萬 -10 萬。1700 年，世界人口總數量約為 6 億。根據聯合國的資料，2017 年世界人口已經達到 76 億，並將在 2030 年達到 86 億。

自然，則被隔得越來越開……

自然之手

……

那麼問題來了……

根據**達爾文進化論**的核心說法，

物競天擇
適者生存

註：自然選擇是達爾文進化論的核心。達爾文認為，生物有過度繁殖的傾向，
但是自然資源是有限的。因此生物會因為爭奪資源而發生競爭。同時，生物
還存在變異現象。在競爭中，處於競爭優勢的物種就會保存下來，獲得進化。
　　這個過程被赫伯特 · 史賓賽通俗地概括為「適者生存，不適者被淘汰」。

意思是，

物種的**進化**需要經歷自然的**篩選**，

既然我們都把自然**隔開**了，

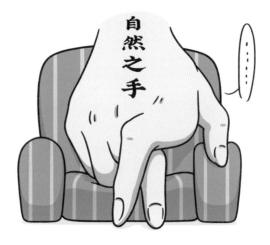

還有機會進化嗎？

是有的！

因為**事實證明**，
人類**看上去**隔開了自然，

其實**並沒有**
掙脫自然的「控制」。

例如：

瘧疾是能**虐死你**的疾病,

註:瘧疾是經按蚊叮咬或輸入帶瘧原蟲者的血液而感染瘧原蟲所引起的蟲媒傳染病。

但經過**瘧疾橫行**後,

註:現在發現,人類跟瘧疾鬥爭的歷史可以追溯到西元前 3200- 前 1304 年的古埃及。此外,包括中國、印度、古希臘在內很早就有了關於瘧疾的記述。作為人類歷史上最致命的傳染病之一,僅 20 世紀牠就奪去了 1.5 億 -3 億人的生命。

更多人有了**抵抗瘧疾**的能力，

註：人類有一個特殊的基因，如果是雜合子（Heterozygote），牠會保護你的
紅血球不被瘧原蟲侵入；如果是純合子（homozygote），則會導致紅細胞變
形。另外，有超過一百種微小的基因差異能夠導致瘧原蟲難以侵入紅細胞。

也就是說，我們還是**進化**了！

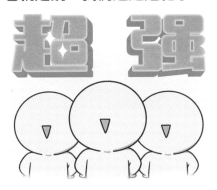

然而，隨著人類不斷進化，
雖然受到「**自然**」的控制，

但其實

我們也開始**插手**進化的方向。

例如：

篩選和**改寫**基因。

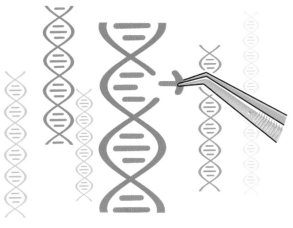

註：從 1970 年代開始，科學家們就知道如何改變生物的基因組。隨著科技進步，
CRISPR/Cas9 基因編輯技術能夠精準改變細胞基因組。2015 年，人類基因編輯
研究委員會正式成立。

在一些研究**試管嬰兒**的研究所裡，
嬰兒的**性別**和**髮色**已經可以選擇。

註：原國家衛生部和計劃生育委員會規定，禁止非醫學需要的胎兒性別鑑定
和選擇性別的人工終止妊娠。

而在 2017 年，
英國研究人員已經開始用
基因組編輯技術
來**改變人類胚胎**的基因。

註：據英國《金融時報》報導，英國研究人員首次使用基因組編輯技術來改
變早期人類胚胎的發育。對於 DNA 精確的定向修改可以讓人們對受精卵如
何成長為胎兒獲得新的認識，並可能對不孕症進行更好的研究。我國規定，
禁止以生殖為目的進行基因操作。

簡單點說就是，
自然**依舊影響**著我們的進化。

但我們很可能
不再單純地任由自然**擺布**，

而是開始
與自然**一同**控制自己的未來！

註：研究人員已經開始探索以 CRISPR/Cas9 基因編輯技術為基礎技術
的疾病療法，包括愛滋病和思覺失調症。但也有倫理學家擔心，不正
當使用將會帶來負面效應。

我們是不是可以這樣猜想呢？
在未來，

高鼻樑大眼睛、

火辣的身材，

滿大街都是！

一百歲只是**中年人**，

或者一出生就能懂**多國**語言。

從人類**誕生**那一刻起，
我們**不斷**進步，

從直立行走到登上月球，

從取火做飯到改寫基因，

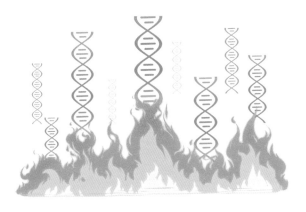

我們研究自然，
試圖將**前進**的方向
把握在自己的手裡。

然而，
請不要忘記：
人類**利用**動物，
而自然**創造**動物；

人類**治癒**疾病，
而自然**更新**疾病。

對於自然來說，

小小人類，

百萬年歷史，

在 **45.4 億年**面前，

只不過是**一眨眼**的事。

註：根據美國地質調查局的資料，地球的年齡大約是
45.4 億歲。

面對浩瀚的**自然歷史，**

我們又何來自傲的資本呢？

【完】

[1]　高星，張曉凌，楊東亞，等 . 現代中國人起源與人類演化的區域性多樣化模式 [J]. 中國科學：地球科學，2010，40（9）：1287-1300.

[2]　拓守廷，劉志飛 . 始新世——漸新世界線的全球氣候事件：從「溫室」到「冰室」[J]. 地球科學進展，2003，18（5）：691-695.

[3]　高星，張雙權，張樂，等 . 關於北京猿人用火的證據：研究歷史、爭議與新進展 [J]. 人類學學報，2016，35（4）：481-492.

[4]　石麗，張新鋒，沈冠軍 . 中國現代人起源的年代學新證據 [J]. 南京師大學報，2003，26（3）：89-94.

[5]　DALRYMPLE G B. The Age of the Earth [M]. Redwood：Stanford University Press：396，1991

[6]　ZACHOS J，PAGANI M，SLOAN L，THOMAS E，et al. Trends，Rhythms，and Aberrations in Global Climate 65 Ma to Present[J]. Science，292:686-693，2001.

[7]　KEMP C. Primeval Planet：What If Humans Had Never Existed? [J]. New Scientist，2013.

[8]　ADLER J. Why Fire Makes Us Human[J]. Smithsonian Magazine，2013.

[9]　LEAKEY L S B. A New Species of the Genus Homo from Olduvai Gorge[J]. Nature，202:7-9，1964.

[10]　TUTTLE R H. Human Evolution [EB/OL]. （2018-9-26）[2021-01-16].https://www.britannica.com/science/human-evolution.

[11]　CHANG P C，Swenson A. Building Construction [EB/OL]. （2018-9-26）[202001-10].https://www.britannica.com/technology/construction.

[12]　United Nations. World Population Prospects：The 2017 Revision，Department of Economic and Social Affairs [R]. UN，2017.

[13]　Institute of Medicine （US）Committee on the Economics of Antimalarial Drugs. Saving Lives，Buying Time：Economics of Malaria Drugs in an Age of Resistance[M]. Washington DC: National Academies Press，2004.

肥志百科・動物 B 篇

【露西】

1974 年，考古學家挖掘到一具距今約 320 萬年的人類女性骨架化石，因挖掘時正好在聽一首名為《露西在綴滿鑽石的天空下》（*Lucyinthe Skywith Diamonds*）的歌曲，便給她取名為「Lucy」（露西）。露西曾一度被斷定是人類最早的祖先。

【最早的文字】

兩河流域的楔形文字和古埃及的象形文字（約西元前 3000 年），被普遍認為是人類最早能夠記錄較完整語言的文字。而中國最早的文字是甲骨文（約西元前 1200 年），是一種刻在龜殼或獸骨上的象形文字。

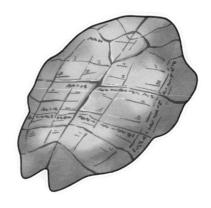

【最早的藝術】

法國肖維岩洞中的壁畫,被認為是目前已知最早的人類史前藝術,可追溯至 3 萬年前。其繪畫的主題為馬、犀牛、獅子等十三種動物。而在中國,寧夏的大麥地岩畫是已知較早的史前藝術。

【愛美是人的天性】

1933 年,我國考古學家在北京山頂洞人的遺址中,發現一枚長 82 公釐的骨針。經專家推測,這項發現說明了人類約 3 萬年前已經懂得縫製衣物,甚至可能懂得了審美。

【要說話先走路】

我好像會說話了！

有一種說法認為，人類能夠說話是得益於直立行走。因為人類直立行走以後，頭部上揚，將咽喉和舌頭逐漸改變到了一個更利於發出複雜組合聲音的位置。

【燒水煮飯】

最初，人類只能用火直接烤製食物來吃，但陶器出現後，有了儲水的容器，人類漸漸學會把水燒開煮製食物的方式。後來人們發現煮製的食物更易吸收和消化，這個烹飪技巧便被沿用至今。

即便經歷了多年的研究，人類的起源和演化至今仍然是個謎。學術界主要提出了兩種假說：「多地起源說」（the multiregional hypothesis）和「非洲單一起源說」（the Out-of-Africa hypothesis）。簡單來講，雖然都認為人類起源於非洲，但「多地起源說」認為直立人出現後從非洲擴散到歐洲、亞洲和大洋洲，並在各地獨立進化，最終成為現代人。主要證據是中國古人類化石體質特徵的明確傳承。

「非洲單一起源說」則主張現代人類大約出現在二十萬至十四萬年前，是不同於直立人和早期智人的新物種。現代人走出非洲後，完全替代了原本歐亞大陸的古人類，二者之間也沒有基因交流。這種假說的主要證據來源於對 y 染色體或線粒體 DNA 的生物研究。兩種說法目前都只停留在假說階段，雖然不知道我們還需多久才能找到答案，但可以確定的是，在沒得到答案前，我們一定會繼續追問：「我是誰？從哪裡來？」

肥志與小黃

四格小劇場

【第24話 二次元造型】

來都來了，我幫你打扮個二次元造型吧！

二次元……

我真不應該相信他！

樂 觀 與 勇 敢
BE BRIGHT & BRAVE

FATCHI ENCYCLOPEDIA